Silbermöwe
Prachtkleid
Heringsmöwe
Jugendkleid

Peter H. Barthel

Vögel an Strand und Küste

KOSMOS

Zu diesem Buch

Nirgendwo kann man bei uns so viele verschiedene Vogelarten in so großer Anzahl und unter so günstigen Bedingungen beobachten wie an Strand und Küste. Hier treffen Vögel des offenen Meeres auf die landbewohnenden Arten, zusätzlich hat sich eine eigene, auf den Küstensaum spezialisierte Vogelgemeinschaft herausgebildet, und zu den Zugzeiten läßt sich nicht nur auf Wiesen und in kleinen Baumgruppen auf den Inseln und an der Küste, sondern auch direkt am Strand nahezu jede Vogelart Deutschlands entdecken.
Die Vielfalt der Arten ist besonders für den Einsteiger verwirrend. Doch schon nach kurzer Zeit wird er bemerken, daß nicht jeder weiße Vogel eine „Seemöwe" und nicht alles, was am Strand läuft, ein „Strandläufer" ist. In diesem Buch werden die häufigsten und typischsten Arten vorgestellt, die dem aufmerksamen Naturfreund an der Küste begegnen. Nicht behandelt sind die Singvögel, von denen kaum einer ein typischer „Küstenvogel" ist, viele aber besonders während der Zugzeiten auch am Meer vorkommen, und die selteneren Arten, die Deutschlands Küsten nur in geringer Zahl aufsuchen. Sie sind aber in den allgemeinen Bestimmungsbüchern abgebildet, von denen einige am Schluß dieses Buches aufgeführt sind.
Die zunächst einmal auffallendsten Küstenvögel sind sicher die Möwen. Fast überall wird man allein schon anhand der Größe mehrere Arten unterscheiden können. Wenn man sich die Färbung näher anschaut, werden nicht nur zwischen den verschiedenen Arten, sondern auch innerhalb einer einzigen Art oft große Unterschiede deutlich. Wie auf den vorderen Umschlagseiten dargestellt, müssen Möwen nämlich mehrfach durch Mauser ihr gesamtes Gefieder wechseln, bis sie nach ein bis vier Jahren endlich voll ausgefärbt sind. Das mag anfangs verwirren, doch hat man schnell gelernt, daß es braune junge, helle alte und dazwischen alle Übergänge unausgefärbter Möwen gibt. Die am Beispiel von Lach- und Silbermöwe gezeigten Entwicklungsstufen lassen sich auf die anderen Arten übertragen.
Auch die gleichfalls fast weißen Seeschwalben lassen sich an ihrer schlankeren Gestalt, den schmaleren Flügeln und dem gegabelten Schwanz schnell von den Möwen abgrenzen. Zudem zeigen sie ein anderes Verhalten, indem sie rüttelnd mit schnellem Flügelschlag hoch

über dem Wasser in der Luft stehen, nach Fischen Ausschau halten und sich dann kopfüber ins Meer stürzen. Im Gegensatz zu den meisten Möwenarten sind sie im Winter bei uns nicht zu sehen.

Die am Schluß behandelten Entenvögel sind als solche sofort zu erkennen, und besonders die prächtig gefärbten Männchen sind leicht bestimmbar. Daneben sind noch einige Angehörige ganz anderer Vogelfamilien in diesem Buch enthalten: Der Eissturmvogel ist mit den Albatrossen verwandt, könnte aber für eine Möwe gehalten werden, was auch für den Baßtölpel gilt, der allerdings mit den Pelikanen verwandt ist, genauso wie der Kormoran, den man schwimmend vielleicht eher für einen Taucher hält. Bei den Alken wiederum denkt man sicher zuerst an Pinguine, doch sind die nächsten Verwandten tatsächlich die Möwen. Die hier durch den Prachttaucher vertretenen Seetaucher bilden eine eigene Familie.

Den größten Anteil an diesem Buch machen jedoch die vom Fachmann auch Limikolen genannten Watvögel aus. Sie tragen diese Bezeichnung nicht, weil sie im Watt leben, sondern weil sie mit ihren meist relativ langen Beinen waten. Viele Arten brüten an unseren Küsten, aber noch viel mehr rasten während der Zugzeiten in gewaltigen Schwärmen am Strand und besonders im Watt. Sie stammen aus Skandinavien und den endlosen Weiten der nordsibirischen Tundra und sind auf dem Weg in ihre afrikanischen Winterquartiere. Gerade für diese Arten ist das Wattenmeer ein unersetzlicher Rastplatz und eine zum Überleben notwendige „Tankstelle“, da sie sich nur hier auf dem reich mit Kleintieren gedeckten Tisch die nötigen Energiereserven für die Weltreise anfressen können.

Auch Watvögel begegnen uns in unterschiedlichem Gefieder: im Frühjahr und Sommer meist Altvögel im bunten Prachtkleid, im Herbst fast nur Jungvögel im Jugendkleid und später im ersten Winterkleid oder die Altvögel im Schlichtkleid. Ihre Bestimmung ist nie ganz einfach, und man muß neben der Färbung auch auf die Länge und Form des Schnabels, die Beinlänge und -farbe, die Stimme und das auf den hinteren Umschlagseiten dargestellte Flugbild achten.

Die Fotos in diesem Buch zeigen bei den wichtigsten Arten erstmals auch die verschiedenen Kleider. Sie sind übrigens fast alle nicht am Nest entstanden, wie es früher leider üblich war, sondern mit viel Geduld und Einfühlungsvermögen von einer neuen Generation von Vogelfotografen in freier Natur aufgenommen worden.

Austernfischer

Haematopus ostralegus

Kennzeichen: Durch Größe, kontrastreich schwarzweißes Gefieder und rote Färbung von langem Schnabel und kurzen Beinen unverkennbar. Im Flug breiter, weißer Flügelstreif, Bürzel und Schwanz weiß mit schwarzer Endbinde. Unausgefärbte Vögel mit weißem Halsring. Ruft laut und schrill „kliiep" und „kibick-kibick", balzt trillernd. L 43 cm, Sp 85 cm.

Vorkommen: Häufig am Sandstrand, im Watt, am Deich, aber auch in Feuchtwiesen und in der Marsch. Außerhalb der Brutzeit oft in großen Trupps im Watt. Die meisten ziehen im Spätherbst nach Südwesten, doch harren viele auch im winterlichen Watt aus.

Wissenswertes: Der wohl auffallendste Watvogel unserer Küsten. Bei der Balz finden sich die Vögel in Gruppen zusammen, laufen bei gesenktem Kopf mit geöffneten Schnäbeln umher und steigern ihre kläffenden Rufe zu einem ekstatischen Triller, etwa „bik-bik-birrrrr-bik-birrrr". Durch ihre schwarz-weiße

Färbung, den Stechschritt und die laute Kasernenhof-Stimme hätten sie den idealen preußischen Nationalvogel abgegeben.
Während fast alle anderen Watvögel vier Eier in eine Bodenmulde legen, sind es beim Austernfischer meist nur drei. Außerdem unterscheidet er sich von den anderen Arten, die ihre Küken lediglich bewachen und wärmen, indem er seine Jungvögel mindestens fünf Wochen lang füttert. Austernfischer können sehr alt werden, und mit Ringen der Vogelwarte versehene Vögel sind mit 30 Jahren noch brütend angetroffen worden, einer wurde sogar 44 Jahre alt! Betrachtet man die Schnabelform genauer, fallen manchmal Unterschiede auf: Bei am Strand lebenden Austernfischern ist die Spitze oft stumpf, da der Schnabel zum Aufhämmern von Muscheln benutzt wird, bei Vögeln im Watt oder in der Marsch dagegen spitz, zum Stochern nach Würmern im weichen Untergrund.

Säbelschnäbler

Recurvirostra avosetta

Kennzeichen: Ein weiterer großer, schwarzweißer und unverwechselbarer Watvogel, doch im Gegensatz zum Austernfischer grazil, mit langen, bläulichen Beinen und dünnem, schwarzem, wie ein Säbel aufwärts gebogenem Schnabel. Sieht stehend und im Flug überwiegend weiß mit schwarzen Abzeichen auf Scheitel, Schultern und der Flügelspitze aus. Ruft klangvoll flötend „klütt klüht", bei Alarm auch rauher „krät". L 45 cm, Sp 80 cm.
Vorkommen: Brütet an Lagunen und flachem Salzwasser, manchmal in lockeren Kolonien, an der Ostsee viel seltener als an der Nordsee.
Nach der Brutzeit in oft großen Gruppen im Watt, wo er in geringerer Zahl auch überwintert, doch kehren die meisten Vögel erst im März/

April aus ihren Winterquartieren an der Atlantikküste oder am Mittelmeer zurück.
Wissenswertes: Dieser elegante Watvogel hat eine besondere Technik des Nahrungserwerbs entwickelt. Mit seinem hochgebogenen Schnabel durchsäbelt er das Wasser oder die Oberfläche sehr feinen Schlicks, um kleine wirbellose Tiere zu erbeuten. Dabei pendelt er mit dem Kopf ständig hin und her. Schon bei den Küken ist die Biegung des Schnabels er-

kennbar. Da er im Gegensatz zu fast allen anderen Watvögeln Schwimmhäute zwischen den Zehen trägt, sinkt er in sehr dünnem Schlamm kaum ein und kann in tiefem Wasser schwimmen. In Südeuropa kann der Säbelschnäbler mit dem selten auch bei uns erscheinenden, gleichfalls grazilen **Stelzenläufer** verwechselt werden, der aber einen geraden Schnabel, noch längere und rote Beine, eine schwarze Oberseite und ganz schwarze Flügel hat.

Goldregenpfeifer

Pluvialis apricaria

Kennzeichen: Rundlich und etwas untersetzt mit relativ kurzen Beinen und kurzem Schnabel. Ganze Oberseite immer goldgelb gesprenkelt (Name!). Im Prachtkleid (oben) Gesicht, Brust und Bauch mehr oder weniger ausgedehnt schwarz, Flanken weißlich meliert, im Jugend- (rechts) und Schlichtkleid ganze Unterseite bräunlichgelb mit dunklerer Fleckung. Fliegend sind die einfarbig gelbbraune Oberseite mit schwachem, weißlichem Flügelstreif und der einschließlich der Achselfedern weißliche Unterflügel kennzeichnend (vgl. mit Kiebitzregenpfeifer). Ruft traurig flötend „pjü" und „tlüh", auch wiederholt. L 27 cm, Sp 70 cm.
Vorkommen: Brütet hauptsächlich in der skandinavischen Tundra und in Moo-

ren. Rastet während des Zuges häufig an der Küste, besonders im März/April und ab August bis zum November, gelegentlich auch im Winter.

Wissenswertes: Goldregenpfeifer sind sehr gesellige Vögel und werden meist in Trupps gesehen, oft gemeinsam mit Kiebitzen. Sie bevorzugen als Rastplatz hinter dem Deich gelegene Felder und kurzrasige Wiesen, auf denen sie scheinbar wie auf Rädern mit schnellen Schritten trippelnd dahinrollen und nach Würmern suchen. Im Watt sieht man sie nur selten. Fliegende Trupps können aus der Entfernung an Tauben erinnern. Ihre melancholischen Rufe sind auch nachts von ziehenden Vögeln zu hören. Das Winterquartier liegt zwischen Holland und Nordafrika.

Früher hat der Goldregenpfeifer auch regelmäßig in den ausgedehnten Mooren Niedersachsens gebrütet; nach deren Trockenlegung ist er bis auf Restvorkommen als Brutvogel verschwunden.

Kiebitzregenpfeifer

Pluvialis squatarola

Kennzeichen: Der größte Regenpfeifer, ähnelt dem Goldregenpfeifer, ist aber etwas größer und hat einen kräftigeren Schnabel. Im Prachtkleid (oben) Oberseite schwarz und weißlich gemustert, aus der Entfernung silbergrau wirkend, an Oberkopf und Brustseiten viel Weiß, Gesicht und Unterseite einschließlich Flanken schwarz (beim Weibchen meliert). Schlichtkleid (rechts) mit grau gestrichelter Brust und weißem Bauch, Jugendkleid mit leicht gelblichbrauner Tönung von Oberseite und Brust (aber viel schwächer als beim Goldregenpfeifer). Im Flug durch deutlicheren Flügelstreif auf der Oberseite und unterseits als schwarzer Fleck hervorstechende Achselfedern leicht vom Goldregenpfeifer zu unterscheiden. Ruft im Gegen-

satz zu diesem meist dreisilbig flötend „pli-üh-ih“. L 29 cm, Sp 80 cm.
Vorkommen: Ein Bewohner der hocharktischen Tundra, der besonders im April/Mai und von Ende Juli bis Oktober in großer Zahl das Wattenmeer besucht, wo einige auch überwintern.
Wissenswertes: Als Brutvogel der kalten Tundra entlang der nordsibirischen Küste und des arktischen Nordamerika ist der Kiebitzregenpfeifer ein ausgeprägter Fernzieher, der im Winter bis an die Küsten des südlichen Afrika fliegt. Er ist viel stärker an offene Schlammflächen und das Meer gebunden als der Goldregenpfeifer und daher kaum einmal auf Wiesen zu sehen, sondern meist im Watt. Dort halten die Vögel auch nicht in engen Trupps zusammen, sondern verteilen sich über die weiten Flächen und verteidigen ein individuelles Nahrungsrevier. Noch nicht geschlechtsreife Vögel übersommern zusammen mit anderen arktischen Gästen an unseren Küsten.

Mornellregenpfeifer

Charadrius morinellus

Kennzeichen: Von der Gestalt ein typischer Regenpfeifer, in allen Kleidern durch weißen, im Nacken zusammenlaufenden Überaugenstreif, zumindest angedeutetes weißes Brustband und im Flug durch einfarbig graubraune Oberseite und graue Unterflügel gekennzeichnet. Prachtkleid (oben) mit hübscher Bauchfärbung unverwechselbar, im Jugendkleid Unterseite hell bräunlich, Oberseite durch beige Federränder geschuppt wirkend. Ruft tief rollend „brrüt“. L 22 cm, Sp 60 cm.
Vorkommen: Brütet auf skandinavischen Bergwiesen, rastet selten im Mai und August/September auf Wiesen.
Wissenswertes: Wenig scheu. Die etwas blasser gefärbten Männchen sind allein für die Brut verantwortlich.

Kiebitz

Vanellus vanellus

Kennzeichen: Ein allgemein bekannter, großer, schwarzweißer Watvogel mit typischer Federholle am Kopf. Flügel auffallend breit und mit runder Spitze. Ruft seinen Namen „kie-witt“. L 30 cm, Sp 74 cm.

Vorkommen: Der Kiebitz brütet häufig in Marschwiesen, auch auf Feldern und Vordeichflächen. Ab Februar/März und von Juli bis November in oft gewaltigen Trupps auf offenen Flächen, auch im Watt.

Wissenswertes: Die Männchen führen über dem Brutrevier unter lautem „Kiu-witt, kie-witt-witt-witt“ gaukelnde Balzflüge durch und greifen Eindringlinge mit „kviu“-Rufen im Flug vehement an. Dabei ist oft auch ein wummerndes Flügelgeräusch zu hören.

Sandregenpfeifer

Charadrius hiaticula

Kennzeichen: Ein kleiner, rundlicher, kurzbeiniger Regenpfeifer, der wie auf Rädern über den Strand rollt und ruckartig stehenbleibt, um mit dem kurzen, gelben Schnabel mit schwarzer Spitze Nahrung aufzupicken. Schwarzweiße Kopfzeichnung und geschlossenes, schwarzes Brustband typisch, Beine gelborange (oben). Bei unausgefärbten Vögeln Brustband bräunlich und nicht immer geschlossen, braune Oberseite gelblich geschuppt, Gesicht mit schwarzbrauner „Banditenmaske" und weißem Überaugenstreif (rechts). Im Flug breiter, weißer Flügelstreif. Ruft zweisilbig „tüü-ip". L 19 cm, Sp 50 cm.
Vorkommen: Brütet häufig an Sandstränden, aber auch an anderen flachen, teilweise

sogar bewachsenen Ufern. Kommt im März zurück und zieht zwischen August und Oktober zum Überwintern an die Atlantikküste. Im Frühjahr und Herbst auch viele skandinavische Durchzügler.
Wissenswertes: Während der Balz kreist das Männchen mit steifen Flügelschlägen über dem Brutrevier und singt „tu-widü tu-widüh tu-widü". Für die vier Eier wird eine flache Mulde in den Boden gedreht. Die Tarnung des an Kieselsteine erinnernden Geleges ist so perfekt, daß es oft unbeabsichtigt von Strandwanderern zertreten wird. Auch die Küken, die gleich nach dem Schlüpfen das Nest verlassen, vertrauen auf die Tarnfarbe ihres Dunengefieders und drükken sich bei Gefahr flach auf den Boden. Um Feinde von Nest und Küken abzulenken, stellen sich die Altvögel flügellahm, um als scheinbar leichte Beute den Eindringling aus ihrem Revier fortzulocken – und dann plötzlich unversehrt wieder aufzufliegen.

Seeregenpfeifer

Charadrius alexandrinus

Kennzeichen: Ein kleiner Regenpfeifer, der besonders aus der Entfernung sehr hell wirkt. Kein geschlossenes Brustband, sondern nur an den Seiten ein beim Männchen schwarzer, beim Weibchen brauner Strich. Schnabel und Beine schwärzlich. Anders als bei den übrigen Regenpfeifern zeigt sich im Gefieder ein ausgeprägter Unterschied zwischen den Geschlechtern: Kopfzeichnung beim Männchen bunt mit schwarzem Augenstreif und Diadem und rostfarben leuchtendem Scheitel (oben), bei Weibchen und Jungvögeln blaß braun, aber mit weißer Stirn (rechts). Im Flug weißer Flügelstreif wie beim Sandregenpfeifer sichtbar. Ruft kurz „pit“ und „püit“. L 16 cm, Sp 45 cm.
Vorkommen: Brütet auf salzi-

gen, nur spärlich mit Pflanzen bewachsenen Flächen, gerne im Deichvorland. Während des Zuges im März/April und August/September auch an Sandstränden und im freien Watt. Als Brutvogel nur entlang der Nordseeküste, Durchzügler aber auch an der Ostsee.

Wissenswertes: Seit einiger Zeit nimmt der Seeregenpfeifer im Norden seines Verbreitungsgebietes stark ab, ist aber in Südeuropa noch häufig. Ursache dafür ist neben der Zerstörung der Salzwiesen durch Eindeichung sicher auch die starke Störung durch zunehmenden Tourismus. Dringt man versehentlich in ein Brutrevier ein, sollte man sich schnellstens zurückziehen. Viele Brutpaare sind heute nur noch in den wenigen Seevogelschutzgebieten erfolgreich. Als Ausnahme unter den Watvögeln legt neben dem Austernfischer auch der Seeregenpfeifer nur drei statt der üblichen vier Eier. Nach 25 Tagen Bebrütung durch Männchen und Weibchen schlüpfen die Küken und sind mit etwa vier bis fünf Wochen flügge. Zu den wenigen auch im tiefen Binnenland brütenden Limikolen gehört der **Flußregenpfeifer**. An der Küste tritt er als Durchzügler auf, brütet aber binnendeichs an Sandgruben und auf Kiesflächen. Er unterscheidet sich vom größeren Sandregenpfeifer durch ganz schwarzen Schnabel, blassere Beine, leuchtend gelben Ring ums Auge und fehlenden breiten, weißen Flügelstreif.

Uferschnepfe

Limosa limosa

Kennzeichen: Ein großer, hochbeiniger Watvogel mit langem Schnabel, von der Gestalt her an einen kleinen Storch erinnernd. Im Prachtkleid (oben) ist das Gefieder stark rostbraun getönt, bei Weibchen etwas blasser. Das Schlichtkleid ist recht einheitlich grau, das Jugendkleid meist verwaschen okkerbraun. Trotz des variablen Gefieders gelingt die Bestimmung leicht anhand der Größe und typischen Silhouette. Im Flug ist die Kombination von breitem, weißem Flügelstreif, weißem Schwanz mit schwarzer Endbinde und den Schwanz weit überragenden Füßen kennzeichnend. Die vielfältigen Rufe sind laut, werden gerne wiederholt und erinnern manchmal an die des Kiebitzes, z. B. „kewü", „kitti-käh" oder „gritta",

auch kurz und nasal „wäd“. L 40 cm, Sp 66 cm.
Vorkommen: Entlang der Nordseeküste ein typischer Brutvogel offener, meist feuchter Wiesen, in denen sie mit ihrem langen Schnabel tief nach Würmern stochert. Seltener an der Ostsee. Kehrt ab März ins Brutgebiet zurück. Besonders während des früh einsetzenden Wegzugs von Juni bis September auch in größeren Gruppen im Watt.
Wissenswertes: Im Brutge-

biet ist die Uferschnepfe nicht zu übersehen, da der gerade nicht auf dem Nest sitzende Partner meist exponiert auf einem Zaunpfahl steht und Wache hält. Zudem führt das Männchen einen auffallenden Balzflug in großer Höhe mit gaukelnden Manövern und regelrechten Sturzflügen durch, dabei laut „gri-ta gri-ta wickä-wickü“ singend.
Die Uferschnepfe ist durch die Trockenlegung von Wiesen in ihrem Fortbestand bedroht.

Pfuhlschnepfe

Limosa lapponica

Kennzeichen: Ein naher Verwandter der Uferschnepfe und dieser recht ähnlich, aber etwas kleiner und kurzbeiniger und mit kürzerem, dafür aber meist deutlicher aufwärts gebogenem Schnabel. Männchen im Prachtkleid (oben) schön rostrot, auch auf dem Bauch, wo die Uferschnepfe lediglich auf weißlichem Grund schwarzbraun quergebändert ist. Weibchen etwas größer als Männchen und bedeutend blasser gefärbt. Im Schlichtkleid wie die Uferschnepfe bräunlichgrau, aber jede einzelne Feder der Oberseite mit dunklem Längsstrich. Im Jugendkleid (rechts oben) mit eher an Brachvogel erinnernder Musterung der Oberseite und mit Bruststricheln. Im Flug sofort von der Uferschnepfe durch einfarbige

Flügel, mit vielen Querbinden versehenen Schwanz und sich vom Bürzel auf den Rücken erstreckenden weißen Keil unterschieden. Wenig ruffreudig, meist nasal „ke-vü“ oder „gewäwäg“. L 38 cm, Sp 64 cm.

Vorkommen: Brütet in der arktischen Tundra und überwintert an der Atlantikküste Westeuropas und Afrikas. Große Trupps rasten besonders im April/Mai und von Juli bis Oktober im Wattenmeer, in geringeren Zahlen an der Ostseeküste.

Wissenswertes: Da der Schnee in den weit nördlich gelegenen Brutgebieten der Pfuhlschnepfe erst sehr spät weicht, bleiben die Vögel gewissermaßen in Warteposition bis Ende Mai im Wattenmeer. Dann haben sie schon ihr leuchtend rostrotes Prachtkleid angelegt, und die dichten Trupps aus mehreren tausend Individuen wirken aus der Entfernung manchmal wie ein großer Rostfleck. Anfang Juli kehren die ersten Altvögel bereits zur Mauser ins nordfriesische Wattenmeer zurück. Die Jungvögel folgen Mitte August. Da Pfuhlschnepfen erst im Alter von zwei Jahren brüten, übersommern auch viele noch nicht geschlechtsreife Tiere bei uns. Selbst im Winter harren einige aus.

Großer Brachvogel

Numenius arquata

Kennzeichen: Durch seine Größe und den sehr langen, gleichmäßig abwärts gebogenen Schnabel unverwechselbar. Gefieder in allen Kleidern braun und grau gemustert (vgl. aber mit dem Regenbrachvogel, rechts). Im Flug recht einfarbig braune Flügel, eng gebänderter Schwanz und weißes Feld auf Bürzel und Rücken. Flötet wehmütig „kurli", balzt im Flug mit melodischem, trillernd endendem Flöten. L 55 cm, Sp 90 cm.
Vorkommen: Brütet in Feuchtwiesen, Mooren und Dünen. Fast ganzjährig an der Küste zu sehen, große Trupps im März/April und von Juli bis Oktober.
Wissenswertes: Weibchen mit längerem Schnabel als Männchen, bei Jungvögeln noch nicht ausgewachsen.

Regenbrachvogel

Numenius phaeopus

Kennzeichen: Ähnelt dem Großen Brachvogel, ist aber bedeutend kleiner und kurzbeiniger und hat einen kürzeren, an der Basis eher geraden und erst vor der Spitze wie eine Hakennase deutlich nach unten gekrümmten Schnabel. Kopfzeichnung markant, aber oft schwer erkennbar: Scheitel dunkel mit hellem Längsstreif, heller Überaugenstreif und dunkler Strich durch die Augenregion. Flugbild wie Großer Brachvogel, aber schnellere Flügelschläge. Ruf ein lachendes Flöten, „pü hü hü hü hü hü hü". L 42 cm, Sp 75 cm.
Vorkommen: Brutvogel skandinavischer Feuchtgebiete, rastet im April/Mai und von Juli bis September in kleinen Gruppen im Wattenmeer.
Wissenswertes: Überwintert an westafrikanischen Küsten.

Rotschenkel

Tringa totanus

Kennzeichen: Als mittelgroßer Watvogel ist der Rotschenkel durch sein graubraunes, hell und dunkel gesprenkeltes Gefieder, die langen, roten Beine, denen er seinen Namen verdankt, und dem relativ langen, an der Basis ausgedehnt roten Schnabel leicht zu bestimmen. Jungvögel ähneln den Altvögeln, zeigen aber kaum Rot am Schnabel. Im Winter ist das Schlichtkleid recht einfarbig grau. Der im Flug sichtbare weiße Hinterrand des Flügels fehlt allen anderen Arten, über dem dicht gebänderten Schwanz zieht sich ein weißer Keil auf den Rücken. Ruft flötend „tüüt", bei der Flugbalz oft wiederholt (daher an der Küste auch „Tüte" genannt), und sanft „tjü-dü-dü". L 28 cm, Sp 48 cm.

Vorkommen: Häufiger und typischer Brutvogel der Küste in Marschen, Feuchtwiesen, Vordeichsflächen, Dünen und an der Wattkante. Im April/Mai und von Juli bis September rasten viele Durchzügler aus dem Norden an der Küste. Unsere Brutvögel treffen oft schon im März ein. Auch im Winter sieht man wenige Rotschenkel im Watt, die teilweise aus Island stammen.
Wissenswertes: Das wehmütige Flöten des Rotschenkels trägt ganz wesentlich zum Stimmungsbild an unseren Küsten bei. Die meisten Paare wählen mit Gras bestandene Bereiche als Nistplatz. Dort werden die vier Eier in eine Bodenmulde gelegt und sind von oben meist nicht sichtbar, da die umstehenden Halme wie ein Dach über das Nest gezogen werden. Die Küken sind, wie bei allen Watvögeln, Nestflüchter und werden gleich nach dem Schlüpfen von den Eltern in feuchte, besonders nahrungsreiche Gebiete geführt.

Dunkler Wasserläufer

Tringa erythropus

Kennzeichen: Sieht auf den ersten Blick wie eine größere Ausgabe des Rotschenkels aus, hat aber einen deutlich längeren und an der Spitze leicht abgeknickten Schnabel und ist hochbeiniger. Im Prachtkleid (oben) durch das rundum rußschwarze Gefieder mit kleinen weißen Sprenkeln unverwechselbar, auch die sonst roten Beine sind dann schwärzlich. Das helle Schlichtkleid der Altvögel ist oberseits recht einfarbig grau und unterseits weißlich. Die Unterscheidung vom Rotschenkel ist dann anhand der Gestalt oder noch einfacher am Flugbild möglich. Das gilt auch für das im Herbst am häufigsten zu sehende braune Jugendkleid (rechts), dessen auffallendstes Kennzeichen die angedeutete Querbänderung der

Unterseite ist. Im Flug ist die gesamte Oberseite einfarbig dunkel, nur ein sich vom Bürzel bis weit auf den Rücken erstreckender Keil leuchtet weiß. Der kennzeichnende Ruf klingt scharf pfeifend „tju-it". L 31 cm, Sp 50 cm.
Vorkommen: Brutvogel im Norden Europas und Asiens, überwintert hauptsächlich im mittleren Afrika. Rastet bei uns häufig im April/Mai und August/September.
Wissenswertes: Es kommt beim Dunklen Wasserläufer sehr häufig vor, daß die Weibchen das nordskandinavische Brutgebiet schon eine Woche vor dem Schlüpfen der Küken verlassen und deren Aufzucht allein dem Männchen überlassen. Sie erscheinen dann schon im Juni an der deutschen Küste, tragen noch das schwarze Prachtkleid und mausern hier in kleinen Gruppen vor der Weiterreise in die Tropen ins graue Schlichtkleid. Die Männchen folgen um die Monatswende Juli/August, die Jungvögel erst gegen Ende August.

Grünschenkel

Tringa nebularia

Kennzeichen: Der größte und kräftigste Wasserläufer, von den Verwandten durch die namengebenden grünlichen Beine und den kräftigen, leicht aufgeworfenen Schnabel unterschieden. Unterseits weißlich mit gestrichelter Brust, oberseits im Prachtkleid (oben) grau und schwärzlich gemustert, im Jugendkleid bräunlich und im Schlichtkleid grau. Im Flug einfarbige Oberseite mit weißem Rückenkeil. Ruft härter als Rotschenkel „kjü-kjü-kjü“. L 32 cm, Sp 55 cm.
Vorkommen: Brütet in Skandinavien, rastet auf dem Zug ans Mittelmeer und nach Afrika besonders im April/Mai und von Juli bis Oktober meist in kleinen Gruppen.
Wissenswertes: Rennt oft auf der Jagd nach Kleinfischen durch das Flachwasser.

Bruchwasserläufer

Tringa glareola

Kennzeichen: Viel kleiner und zierlicher als die anderen langbeinigen Wasserläufer. In allen Kleidern oberseits braun mit gelblichen Flecken, unterseits weiß mit gestrichelter Brust, Beine graugrünlich bis gelblich. Im Flug oberseits einfarbig dunkel mit hervorstechendem weißem Bürzel. Ruft scharf pfeifend „giff-giff-giff“. L 20 cm, Sp 38 cm.

Vorkommen: Brütet in nordeuropäischen Sümpfen (extrem selten noch in Schleswig-Holstein). Während des Zuges nach Afrika rastet er in kleinen Gesellschaften besonders im Mai und Juli/August an der Küste.

Wissenswertes: Das von vielen Wasserläufern während der Nahrungssuche gezeigte ständige Körperwippen ist besonders ausgeprägt.

Flußuferläufer

Actitis hypoleucos

Kennzeichen: Mit den Wasserläufern verwandt, aber Schnabel und besonders Beine viel kürzer. Oberseite braun, Unterseite weiß, Brust verwaschen bräunlich. Jugendkleid unterscheidet sich vom Prachtkleid (oben) nur durch helle Querbänderung der Flügeldecken. Im Flug auffallend breiter, weißer Flügelstreif. Ruft hell „hididi". L 20 cm, Sp 33 cm.

Vorkommen: Brütet in weiten Teilen Europas an Ufern, tritt an unseren Küsten aber nur als Durchzügler im April/Mai und von Juli bis September auf.

Wissenswertes: Läuft fast ausschließlich direkt am Gewässerrand entlang, gerne auch auf Steinmolen und in Hafenbecken, dabei ständig mit dem ganzen Körper wippend.

Bekassine

Gallinago gallinago

Kennzeichen: Durch ihren extrem langen Schnabel, die markanten Kopfstreifen und das tarnfarbig braun gemusterte Gefieder mit den hellen Längsstreifen auf der Oberseite unverkennbar. Meist fliegt sie aber unerwartet wenige Meter vor den Füßen des Beobachters aus der Deckung, steigt im Zickzack-Flug in den Himmel und ruft dabei heiser „ätsch". Dann daran, am recht einfarbig braunen Gefieder und am langen Schnabel erkennbar. L 26 cm, Sp 40 cm.
Vorkommen: Brütet in Feuchtgebieten an der Küste, ist fast ganzjährig an Grabenrändern, im Deichvorland und in nassen Wiesen.
Wissenswertes: Erzeugt bei der Flugbalz mit den äußeren Steuerfedern einen wummernden Ton.

Kampfläufer

Philomachus pugnax

Kennzeichen: Gestalt ähnlich einem Wasserläufer, aber plumper, mit relativ kleinem Kopf und kürzerem, leicht abwärts gebogenem Schnabel. Männchen deutlich größer als Weibchen, im Prachtkleid (oben, rechts unten) durch die bunte Halskrause unverkennbar. Weibchen dann oben bräunlich und unterseits weißlich mit schwärzlichen Flecken (rechts Mitte). Schlichtkleid beider Geschlechter unscheinbar bräunlich grau, Jugendkleid oft stark ockergelb getönt und mit schuppig wirkender Oberseite (rechts oben). Beinfarbe variabel, bei Jungvögeln grünlich, später gelb, bei Altvögeln oft rot. Im Flug nur schmale Flügelbinde, aber zwei eiförmige, weiße Flecke auf dem Oberschwanz. Meist stumm, ruft nur selten leise „kuö". L 20–32 cm, Sp 46–58 cm. **Vorkommen:** Brütet selten auf kurzrasigen, feuchten Küstenwiesen. Im März/April und von Juli bis September rasten große Trupps nordeuropäischer Durchzügler.

Wissenswertes: Die Halskrause der Männchen ist individuell sehr verschieden gefärbt und gemustert, von weiß über hellbraun und rostrot bis schwarz. Gruppen von Männchen führen auf Balzarenen Schaukämpfe durch, wobei schwarze den höchsten und weiße den niedrigsten Platz in der Rangordnung einnehmen. Die Weibchen sehen zu und suchen sich ein Männchen aus. Nach der Paarung müssen sie die Jungenaufzucht allein übernehmen.

Alpenstrandläufer

Calidris alpina

Kennzeichen: Ein starengroßer Watvogel, der in oft gewaltigen Trupps die Strände und besonders das Wattenmeer bevölkert. Schwarze Beine relativ kurz, schwarzer Schnabel gut kopflang und leicht abwärts gebogen. Im Prachtkleid (oben) an der bunt rostbraun und schwarz gescheckten Oberseite und dem schwarzen Bauchschild sofort zu erkennen. Im Schlichtkleid (rechts oben; links daneben Zwergstrandläufer) bräunlich grau mit weißem Bauch. Während des Wegzugs sieht man ihn fast nur im recht variablen Jugendkleid (rechts unten), dessen braune und schwärzliche Federn der Oberseite beige bis rostfarben umrandet und schon bald mit grauen Federn des ersten Winterkleids durchsetzt sind, und das auf der weißlichen Unterseite bräunliche Bruststrichel und schwarze Flecken auf den Bauchseiten zeigt. Im Flug immer mit schmaler weißer Flügelbinde und weißem, durch einen schwarzen Längsstrich geteiltem Bürzel. Ruft dünn

und nasal „tirr". L 19 cm, Sp 38 cm.

Vorkommen: Häufiger Brutvogel in nordeuropäischen Feuchtgebieten, bei uns stark abnehmend und nur noch in wenigen Paaren auf feuchten Wiesen an der Nord- und Ostseeküste. Zu den Zugzeiten von März bis Mai und Juli bis Oktober nutzen Hunderttausende das Wattenmeer als Rastplatz und „Tankstelle" zwischen Skandinavien und Afrika. Ganzjährig sind auch Trupps von noch nicht brütenden Überwinterern bzw. Wintergästen zu sehen.

Wissenswertes: Zu den Zugzeiten ist er meist der häufigste Watvogel im Watt. In riesigen, dicht gedrängten und wie Wolken aussehenden Schwärmen führt er imposante Flugmanöver aus, bei denen sämtliche Vögel praktisch zeitgleich die Flugrichtung wechseln. Bei Ebbe stochern sie im Watt nach Würmern und anderen wirbellosen Tieren, um Fettreserven für die Weiterreise in den Süden anzulegen.

Sichelstrandläufer

Calidris ferruginea

Kennzeichen: Etwas größer, schlanker und hochbeiniger als der Alpenstrandläufer, mit längerem, stärker und gleichmäßig gebogenem Schnabel (Name!). Im Prachtkleid (oben) sofort am leuchtend ziegelroten Gefieder zu bestimmen (vgl. Knutt), das während der Mauser weiße Flecken und Querwellen aufweist. Im Jugendkleid (rechts) vom Alpenstrandläufer leicht am Fehlen dunkler Bauch- und Flankenflecken, der gelblich getönten, kaum gestrichelten Brust, dem deutlicheren Überaugenstreif und der helleren, durch beige Federränder gleichmäßig geschuppt wirkenden Oberseite zu unterscheiden. Im Flug in allen Kleidern sofort an dem rein weißen, in der Mitte nicht längs unterteilten Bürzel erkennbar. Ruft rollen-

der als der Alpenstrandläufer „kürri". L 20 cm, Sp 40 cm.
Vorkommen: Nordsibirischer Brutvogel, dessen Altvögel im Mai und von Ende Juli bis August, Jungvögel vor allem im September meist in kleinen Trupps an unseren Küsten erscheinen.
Wissenswertes: Der Sichelstrandläufer ist ein ausgesprochener Langstreckenzieher, der Europa nur als wichtige Raststation auf der weiten Reise von den Tundren im nördlichen Asien an die Küsten des südlichen Afrika benutzt. Die Brutplätze liegen auf arktischem Dauerfrostboden, so daß die Eier erst ab Mitte Juni gelegt werden können. In Jahren mit vielen Lemmingen ist ihr Bruterfolg gut, da Greifvögel, Eulen und Polarfüchse dann nicht auf die Strandläufer als Beute angewiesen sind. Fehlen die Lemminge, wird oft kaum ein Jungvogel flügge. So erklärt sich, daß junge Sichelstrandläufer (und andere arktische Arten) in manchen Jahren in großer Zahl bei uns auftreten, in anderen aber fehlen.

Sanderling

Calidris alba

Kennzeichen: Der Sanderling gehört zu den Strandläufern und ist etwa so groß wie ein Alpenstrandläufer, wirkt aber etwas rundlicher und hat einen kürzeren, geraden Schnabel. Im Prachtkleid (oben) sehr variabel, manche Individuen sind oberseits und auf der Brust intensiv rostfarben, andere mehr bräunlich, gelblich oder schwärzlich und grau gemustert, aber der Bauch ist immer weiß. Im Schlichtkleid (rechts unten) ist er der hellste Watvogel unserer Küsten, oberseits hell grau und unterseits weiß; nur der Flügelbug sticht oft als schwarzer Fleck hervor. Im Jugendkleid (rechts oben) haben die Federn der Oberseite schwärzliche Zentren und gelbliche Ränder, der Scheitel ist dunkel gestrichelt. Das

Flugbild (rechts unten) ist typisch, da der weiße Flügelstreif bedeutend breiter als bei allen anderen Strandläufern ist. Ruft kurz „pit“, auch wiederholt. L 20 cm, Sp 37 cm.
Vorkommen: Brütet in der Arktis Kanadas, Grönlands,

Spitzbergens und Sibiriens, überwintert an Küsten fast der ganzen Welt. Bei uns in geringer Zahl regelmäßig überwinternd und übersommernd, starker Durchzug besonders von März bis Mai und Juli bis Oktober.
Wissenswertes: Im Gegensatz zu vielen anderen Watvögeln hält sich der Sanderling gerne an reinen Sandstränden auf (Name!), auf den Inseln lieber auf der Seeals auf der Wattseite. Dort folgt er, wie ein aufgezogenes Spielzeug mit flinken Schritten rollend, den zurückweichenden Wellen. Was sie an Kleintieren auf dem Sand liegen lassen, pickt er schnell auf, um eilig zurückzurennen, sobald die nächste Welle heranrollt. Allein an diesem Verhalten kann man ihn schon erkennen. Meist wird er in kleinen Gruppen angetroffen. Vor dem Strandwanderer laufen Sanderlinge eine ganze Weile her, bis sie sich schließlich doch erheben und im Bogen niedrig über das Wasser an den Ausgangsort zurückfliegen.

Knutt

Calidris canutus

Kennzeichen: Der größte Strandläufer, von robuster Erscheinung und deutlich größer als der Alpenstrandläufer, mit relativ kurzen, düster grünlichen Beinen und gut kopflangem, fast geradem Schnabel. Im Prachtkleid (rechts unten) ist er rostrot und dann allenfalls mit dem viel kleineren Sichelstrandläufer zu verwechseln (s. dort). Im oberseits hell grauen und unterseits weißen Schlichtkleid (rechts oben) mit fein grau gemusterter Brust sind Größe, Gestalt und Flugbild die besten Merkmale. Das im Herbst am häufigsten zu sehende Jugendkleid (oben) zeichnet sich durch die anfangs gelbliche Brusttönung und das typische Muster der Oberseite aus: Jede der gelblichgrauen Federn trägt einen doppelten schwarzen und rahmfarbenen Saum, so daß eine auffallende Schuppung entsteht. Im Flug fallen eine schmale weiße Flügelbinde und über dem grauen Schwanz ein charakteristisch hell und dunkel quer gewellter Bürzel auf. Ruft recht lei-

se und unterdrückt nasal „nutt nutt". L 24 cm, Sp 50 cm. **Vorkommen:** Brütet in der Arktis Kanadas, Grönlands und Nordsibiriens, überwintert an Meeresküsten Westeuropas und Afrikas. Bei uns ist er ganzjährig zu sehen, da viele auch im Wattenmeer überwintern. Gewaltige Trupps halten sich besonders von März bis Mai und von Juli bis Oktober im Watt auf, wobei ab September hauptsächlich Jungvögel erscheinen. Während im Watt über 100 000 Individuen rasten, sind es an der Ostsee nur sehr geringe Bestände.
Wissenswertes: Knutts bilden an bevorzugten Nahrungsgründen des Wattenmeers oft sehr große und dichte Schwärme. Vor dem im Mai erfolgenden Abzug ins Brutgebiet leuchten diese schon aus großer Entfernung schön rostrot. Bei Hochwasser suchen sie sich trockene Rastplätze und rücken dicht aneinander. Um ihren Energiebedarf zu decken, gehen sie bei Ebbe auch nachts auf Nahrungssuche ins Watt.

Zwergstrandläufer

Calidris minuta

Kennzeichen: Der kleinste Strandläufer, gerade so groß wie ein Rotkehlchen. Beine und gerader Schnabel kurz und schwarz. Im Prachtkleid Oberseite, Kopf und oft auch Brust überwiegend rostbraun leuchtend, Bauch weiß. Im grauen Schlichtkleid (Foto S. 37) an der Größe bestimmbar. Meist sieht man Jungvögel im Herbst (oben) mit typischer doppelter, weißer V-Zeichnung auf der Oberseite. Flugbild wie Alpenstrandläufer, aber kleiner. Ruft kurz und hoch „tit". L 13 cm, Sp 29 cm.
Vorkommen: Brütet im äußersten Norden Europas und Asiens. Rastet im Mai und häufiger von August bis Oktober in kleinen Trupps an Stränden und im Watt.
Wissenswertes: Zieht im Winter bis Südafrika.

Meerstrandläufer

Calidris maritima

Kennzeichen: Etwas größer und rundlicher als der Alpenstrandläufer, durch düsteres Grau auf Oberseite, Kopf und Brust in Verbindung mit gelben Beinen und gelblicher Schnabelbasis in allen Kleidern unverkennbar. Nur im Pracht- und Jugendkleid auf der Oberseite rostbraune Federränder, im Winter (oben) dort recht einfarbig dunkel grau. Wirkt auch im Flug düster, trägt schmale, weiße Flügelbinde. Ruft eher leise „kuitt". L 21 cm, Sp 42 cm.
Vorkommen: Brütet in der steinigen Tundra Skandinaviens. Überwintert nördlicher als andere Watvögel an den Küsten von Nordatlantik, Nordsee und westlicher Ostsee, von September bis Mai.
Wissenswertes: Fast nur an Steinen, Felsen (Helgoland) oder an Molen.

Steinwälzer

Arenaria interpres

Kennzeichen: Ein mittelgroßer, robuster Watvogel von der Gestalt eines „Bodybuilders" mit kleinem Kopf und breiten Schultern. Kurzer, gerader, schwarzer Schnabel und kurze, orange- bis korallenrote Beine kennzeichnend. Im Prachtkleid (oben) mit auffallend schwarzweißer Kopf- und Brustzeichnung und leuchtend rostbraunem Muster auf der Oberseite. Das Schlicht- (rechts unten) und Jugendkleid (rechts oben) zeigt dagegen eine einfarbige, düster graubraune Oberseite und dunkle Brustflecken. Das Flugbild ist mit den weißen Feldern auf Flügeln, Rücken und Schwanz einmalig. Ruft kurz „küt-e-küt", bei Alarm eine typische Stakkato-Folge, etwa „ke-wü kewü-kekütkütküt". L 23 cm, Sp 46 cm.

Vorkommen: Brutvogel skandinavischer Küsten und in Grönland, ausnahmsweise auch in Schleswig-Holstein. Als Durchzügler an unseren Küsten meist in kleinen Gesellschaften von April bis Juni und von Juli bis Oktober. Während die nördlichsten Vögel noch auf dem Weg ins Brutgebiet sind, ziehen die südlichsten schon wieder ins Winterquartier. In Deutschland auch regelmäßiger Wintergast.

Wissenswertes: Der Steinwälzer bevorzugt felsige Küsten und Strände, an denen viel Seetang angespült wurde. Mit seinem kräftigen Schnabel dreht er auf der Suche nach wirbellosen Tieren Steine um (Name!).

Silbermöwe

Larus argentatus

Kennzeichen: Die bei weitem häufigste große Möwenart, deren Aussehen in allen Kleidern man genau studieren sollte, da sie als ideale Vergleichsart anderen Großmöwen gegenüber dient. Kennzeichnend für Altvögel (oben) sind die graue Oberseite, rosa bis fleischfarbene Beine, ein helles, gelbes Auge und der große, gelbe Schnabel mit einem roten Fleck vor der Spitze des Unterschnabels. Flügelspitze schwarz mit weißen Flecken, Flügelhinterrand von unten ohne dunkles Band. Beim im Winterhalbjahr getragenen Schlichtkleid ist der sonst weiße Kopf verwaschen düster gestrichelt. Vom Jugend- (rechts unten) bis ins erste Sommerkleid oberseits braun gefleckt und Auge sowie zumindest Schnabelspitze dunkel. Im Flug ist auch die Flügeloberseite bräunlich, jedoch mit aufgehellten inneren Handschwingen, der Schwanz hat eine breite und viele schmale dunkle Binden. Dann erscheinen von Mauser zu Mauser immer mehr graue Federn auf der Oberseite (rechts oben), Schnabel und Auge hellen auf, bis die Silbermöwe nach vier Jahren ausgefärbt ist. Viele verschiedene Rufe, meist laut, z.B. miauend „aau aau kjau", bellend „kau" oder nasal „gägä". L 58 cm, Sp 140 cm, wie bei allen Möwen Männchen größer als Weibchen.

Vorkommen: Häufiger Brutvogel an der Nordseeküste, etwas seltener an der Ostsee. Nistet meist in großen Kolonien auf den Inseln, aber auch in einzelnen Paaren. Ganzjährig überall in großer Zahl zu sehen.

Wissenswertes: Die vielseitige Nahrung besteht zu einem großen Teil aus menschlichem Abfall. Daher hat die Silbermöwe jetzt stark zugenommen.

Sturmmöwe

Larus canus

Kennzeichen: Im Prachtkleid (oben) fast wie eine Miniaturausgabe der Silbermöwe gefärbt, aber deutlich kleiner, mit dunklem Auge, grünlichgelben Beinen und ebenso gefärbtem, zierlicherem Schnabel ohne roten Punkt. Unterscheidet sich von der ähnlichen, gleichfalls mittelgroßen Dreizehenmöwe durch Beinfarbe und weiße Flecke in der Flügelspitze (rechts oben). Im Schlichtkleid Scheitel und Nacken dunkel gestrichelt, Schnabel oft mit schwärzlicher Binde. Schwanz vom Jugend- (rechts unten) bis ins erste Sommerkleid mit scharf abgesetzter schwarzer Endbinde. Oberseite im Jugendkleid braun, ab erstem Winter Mantel und Rücken schon grau. Schnabel bis zum zweiten Winter graurosa mit

schwarzer Spitze. Ruft leiser und höher als die Silbermöwe nasal miauend „kiäü“, warnt wiederholt „kliü-kliü-kliü“. L 40 cm, Sp 110 cm.
Vorkommen: Früher besonders an der Ostsee, inzwischen auch an der Nordsee eine häufige Möwe, die ganzjährig zu beobachten ist.
Wissenswertes: Sturmmöwen brüten zwar oft in großen Kolonien, aber auch in kleinen Gruppen am Rande von Kolonien anderer Arten oder sogar in Einzelpaaren. Die meist drei Küken schlüpfen nach vier Wochen.

Heringsmöwe

Larus fuscus

Kennzeichen: Durchschnittlich etwas kleiner als die Silbermöwe, wirkt schlanker und hat den Schwanz weiter überragende Flügelspitzen, als Altvogel (oben) gelbe Beine, eine dunklere, schiefergraue (westliche Unterart *graèllsii*) bis fast schwarze Oberseite (Ostsee-Unterart *fuscus*) und im Flug von unten ein dunkles Band vor dem Flügelhinterrand. Erinnert durch die dunkle Oberseite an die viel größere Mantelmöwe, unterscheidet sich im Stehen aber durch längere Flügel und Beinfarbe, im Flug durch die zierlichere Gestalt und den nur kleinen weißen Fleck vor der Flügelspitze (rechts unten). Im ersten Lebensjahr (rechts oben) an der einheitlich dunklen Oberseite mit durch helle Federränder erzeugtem Schuppenmuster, der geringen Größe und schlanken Gestalt mit langen Flügeln von Mantel- und Silbermöwe zu unterscheiden, im Flug an den einheitlich dunkelbraunen Flügeln ohne Aufhellungen (auch Unterflügel dunkler) und der sehr deutlichen dunklen Schwanzendbinde. Dunkelgraue Mantelfedern ab zweitem Winter. Ruf tiefer, leiser, nasaler als bei der Silbermöwe, weniger voll als bei der Mantelmöwe. L 56 cm, Sp 130 cm.

Vorkommen: Brütet zahlreich besonders auf den Nordsee-Inseln, sehr selten an der Ostsee. Überwintert von Oktober bis März im Süden, dann nur wenige an der Nordsee. Vor allem im April/Mai und von Juli bis Oktober auch viele skandinavische Gäste an der Ostsee.
Wissenswertes: Die Heringsmöwe hat die deutsche Nordseeküste erst in den letzten Jahrzehnten als Brutvogel besiedelt und nimmt weiter zu. Zieht im Winter bis Afrika.

Mantelmöwe

Larus marinus

Kennzeichen: Die größte Möwe unserer Küsten. Altvögel (oben) mit ihrer schwärzlichen Oberseite können allenfalls mit der viel kleineren Heringsmöwe verwechselt werden, sind aber massiger, haben rosa Beine, einen viel kräftigeren Schnabel und im Stehen nicht so weit über den Schwanz ragende Flügel. Fliegend zeigen sie breitere Flügel mit viel Weiß in der Spitze. Im Schlichtkleid ist der weiße Kopf wie bei fast allen Großmöwen dunkel gestrichelt. Die braunen, noch unausgefärbten Vögel (rechts oben) sind bis ins zweite Lebensjahr oft schwer von jungen Silbermöwen zu unterscheiden. Größe, der im ersten Jahr ganz schwarze, gewaltige Schnabel, das gröbere Oberseitenmuster, die hellere Färbung von Kopf und Brust sowie die deutlichere dunkle Endbinde des sonst schwächer melierten Schwanzes helfen meist weiter. Von den viel kleineren und schlankeren unausgefärbten Heringsmöwen lassen sie sich auch durch die nicht so einfarbig dunklen Flügel abgrenzen. Schwarze Federn erscheinen auf dem Mantel erst nach zwei Jahren, auf den Flügeln im dritten Winter (rechts unten), und der Schnabel bekommt erst nach vier Jahren die gel-

be Farbe mit dem roten Fleck. Stimme tiefer als bei der Silbermöwe, ruft z. B. laut schallend „kaou“. L 70 cm, Sp 160 cm.

Vorkommen: Einzelne Paare haben bisher erst sehr selten an unserer Nord- und Ostseeküste gebrütet. Doch kann man Mantelmöwen ganzjährig in größerer Zahl in den Möwenschwärmen entdekken; besonders häufig sind sie im Winterhalbjahr.

Wissenswertes: Folgt gerne Fischfangschiffen und ernährt sich vom Beifang.

Weißkopfmöwe

Larus cachinnans

Kennzeichen: Steht in Färbung und Gestalt zwischen Herings- und Silbermöwe. Altvögel (oben) unterscheiden sich von Heringsmöwen durch die bedeutend hellere graue Oberseite, von Silbermöwen durch längere Flügel, höhere, meist gelbe Beine, weniger Weiß in der ausgedehnter schwarzen Flügelspitze und im Schlichtkleid durch den fast ungestrichelten Kopf. Im ersten Jahr Kopf und Unterseite heller, Flügel dunkler und Schwanzendbinde schärfer abgesetzt als bei gleichaltrigen Silbermöwen. Ruft ähnlich Heringsmöwe. L 59 cm, Sp 145 cm.

Vorkommen: Seltener Brutvogel, sonst ganzjährig in geringer Zahl anwesend.

Wissenswertes: Breitet sich vom Mittel- und Schwarzen Meer nach Deutschland aus.

Eismöwe

Larus hyperboreus

Kennzeichen: Altvögel sind wie Silbermöwen gefärbt, aber etwas größer, und haben eine kennzeichnende, rein weiße Flügelspitze. Wird bei uns fast nur im ersten Winterkleid (oben) beobachtet, in dem sie sich von anderen Großmöwen durch insgesamt helleres, variabel beige bis zimtfarbenes Gefieder, weißliche Flügelspitzen, fehlende markante Schwanzbänderung und rosa Schnabel mit schwarzer Spitze unterscheidet. Stimme wie Silbermöwe. L 65 cm, Sp 152 cm.
Vorkommen: Brutvogel arktischer Küsten, bei uns seltener Wintergast an der Nordsee, kaum an der Ostsee.
Wissenswertes: Die selten aus Grönland erscheinende **Polarmöwe** ist deutlich kleiner und kurzschnäbeliger, hat dafür aber längere Flügel.

Lachmöwe

Larus ridibundus

Kennzeichen: Eine aus dem Binnenland allgemein bekannte, kleine Möwenart, die auch an unseren Küsten häufig vorkommt. In allen Kleidern an dem großen, weißen Keil auf dem Handflügel erkennbar (vgl. vordere Umschlagseite). Im Prachtkleid (oben) sind Schnabel und Beine dunkel, im Schlichtkleid heller rot, der Kopf trägt eine charakteristische schokoladenbraune Kapuze, von der im Schlichtkleid (rechts oben) wie im ersten Winterkleid nur ein typischer dunkler Ohrfleck zu sehen ist. Bei Jungvögeln ist die gesamte Oberseite anfangs bräunlich, im ersten Winter- und ersten Sommerkleid unterscheiden sie sich von Altvögeln durch braune Flügelflecken und Schwanzendbinde. Ruft hei-

ser „chrää", „kräääh" und warnt kurz „ke-ke-ke". L 40 cm, Sp 98 cm.
Vorkommen: Häufiger Brutvogel, oft in großen Kolonien. Ganzjährig häufig.
Wissenswertes: Der Name soll nichts mit der Stimme zu tun haben, sondern darauf zurückzuführen sein, daß diese Art im Gegensatz zu fast allen anderen Möwen auch an „Lachen" im Binnenland brütet. Die Küken bleiben am Brutplatz, bis sie nach knapp vier Wochen fliegen können.

Dreizehenmöwe

Rissa tridactyla

Kennzeichen: Ein Hochseevogel, der am ehesten mit der ebenfalls mittelgroßen Sturmmöwe vergleichbar ist, sich aber leicht an den schwarzen Beinen und im Flug an den ausgedehnt tief schwarzen Flügelspitzen ohne weiße Flecken erkennen läßt. Sie wirken, als wäre der Vogel zu niedrig über ein Tintenfaß geflogen (rechts unten). Der im Prachtkleid (oben) weiße Kopf färbt sich im Schlichtkleid grau und bekommt hinter dem Auge einen sichelförmigen, dunklen Streif. Im Jugend- und ersten Winterkleid ist das Flügelmuster gleichfalls charakteristisch: Ein sich über die graue und weiße Oberseite ziehendes Flügelband formt ein auffallendes Zickzack-Muster, der Schwanz trägt eine schwarze Endbinde, den Nakken ziert ein schwarzer Halbring (rechts oben). Eine Verwechslungsgefahr stellt dann nur die viel kleinere junge Zwergmöwe dar (s. dort), die jedoch einen dunklen Scheitel hat. Der anfangs schwarze Schnabel wird im ersten Sommer wie bei den Altvögeln gelb, das Nackenband fehlt dann häufig, und der Zickzack-Streifen wird diffuser. Ruft am Brutplatz laut „kiti-wääh", sonst meist stumm. L 39 cm, Sp 100 cm.

Vorkommen: Die typische Möwe an den großen Vogelfelsen nordeuropäischer Küsten, brütet in Deutschland daher nur an den steilen Klippen auf Helgoland, wo sie ganzjährig um die Insel herum beobachtet werden kann. Außerhalb der Brutzeit auf dem offenen Meer und meist nur nach starken Weststürmen in Küstennähe. Ausnahmsweise an der Ostsee.

Wissenswertes: In den oft von vielen tausend Paaren gebildeten Kolonien werden die Nester aus Seetang an Felsvorsprünge geheftet.

Zwergmöwe

Larus minutus

Kennzeichen: Unsere kleinste Möwe. Altvögel (oben) von der größeren Lachmöwe durch rein weiße Flügelspitze und schwarze Unterflügel mit weißem Hinterrand unterscheidbar, im Prachtkleid ferner durch schwarze, bis in den Nacken reichende Kapuze. Unausgefärbte Vögel im Flug mit ähnlichem Zickzack-Muster auf dem Flügel wie die viel größere Dreizehenmöwe, aber mit dunklem Scheitel. Ruft ähnlich einer Seeschwalbe „kjäh". L 26 cm, Sp 65 cm.

Vorkommen: Brütet hauptsächlich in Nordost-Europa. An deutschen Küsten ganzjährig zu sehen, oft zur Zugzeit im April/Mai und von August bis Oktober.

Wissenswertes: Fliegt meist niedrig über der Wasseroberfläche und pickt Nahrung auf.

Schmarotzerraubmöwe

Stercorarius parasiticus

Kennzeichen: Wie eine mittelgroße Möwe, aber schmalflügelig, ganz dunkelbraun, Bauch oft hell, Altvögel (oben) mit langen Schwanzspießen. Jungvögel braun gebändert. L 50 cm, Sp 105 cm.
Vorkommen: Brütet in Nordeuropa, zieht an unseren Küsten besonders im September/Oktober durch.
Wissenswertes: Raubmöwen sind darauf spezialisiert, andere Möwen in gewandtem Flug zu verfolgen und zum Ausspucken ihrer Nahrung zu zwingen, die sie dann auffangen. Der Schmarotzerraubmöwe ähnlich sind die größere **Spatelraubmöwe** mit stumpfen, verdrehten und die kleinere **Falkenraubmöwe** mit extrem langen Schwanzspießen. Ihre Unterscheidung ist oft nur durch Experten möglich.

Flußseeschwalbe

Sterna hirundo

Kennzeichen: Seeschwalben sind elegante, weiße Küstenvögel, zwar möwenähnlich, aber meist kleiner, mit gegabelten Schwänzen, schmaleren Flügeln, kürzeren Beinen und schlanken, spitzen Schnäbeln. Alle sind oberseits grau, unterseits weiß und tragen eine schwarze Kappe. Die Flußseeschwalbe hat einen roten Schnabel mit schwarzer Spitze und rote Beine. Leicht mit Küstenseeschwalbe (s. dort) verwechselbar. Stimme schrill, z. B. „kriiieh". L 33 cm, Sp 90 cm.
Vorkommen: Häufiger Brutvogel in oft großen Kolonien auf Inseln, an Sand- und Kiesküsten, stellenweise im Binnenland. Zieht im September an die afrikanische Küste, kehrt im April zurück.
Wissenswertes: Erbeutet stoßtauchend kleine Fische.

Küstenseeschwalbe

Stema paradisaea

Kennzeichen: Die Zwillingsart der Flußseeschwalbe und dieser sehr ähnlich. Altvögel (oben) unterscheiden sich durch den dunkler roten Schnabel ohne schwarze Spitze, die kürzeren Beine und im Stehen die Flügelspitze deutlich überragenden Schwanzspieße. Im Flug ist die Bestimmung oft einfacher: Von unten ist der ganze Handflügel durchscheinend weißlich mit einem nur schmalen, scharf abgegrenzten, schwarzen Hinterrand (statt des Kontrasts zwischen den dunkler grauen äußeren und inneren Handschwingen mit verwaschenem, breitem Hinterrand bei der Flußseeschwalbe). Jungvögel (rechts unten) sind weniger bräunlich als junge Flußseeschwalben, wirken heller und sauberer und zeigen im Flug einen weißen Hinterrand des Armflügels (statt graue Armschwingen und einen auffallend dunklen Flügelvorderrand). Die Stimme ist höher als bei der Flußseeschwalbe, etwa „pi-pi-pi“ und „krrir“. L 35 cm, Sp 88 cm.

Vorkommen: Ein häufiger Brutvogel nordeuropäischer Küsten, bei uns an der Nord- häufiger als an der Ostsee. Die oft großen Kolonien liegen auf Sand- und Kiesstränden oder auch bewachsenen Flächen, besonders auf den Inseln. Häufig findet man aber auch einzeln brütende Paare. Im Binnenland ist die Küstenseeschwalbe nur ein seltener Durchzügler, während die Flußseeschwalbe dort sogar stellenweise noch brütet. Kehrt im April zurück, zieht im September ab.

Wissenswertes: Diese typische Seeschwalbe unserer Küsten ist am Brutplatz so aggressiv, daß sie bei ihren Luftangriffen menschlichen Eindringlingen sogar schmerzhafte Schnabelhiebe zufügt. Sie ist der Vogel mit der weitesten Zugstrecke. Vom bis in die Arktis reichenden Brutgebiet zieht sie im Winter an die Packeisgrenze der Antarktis. Daher ist sie das Lebewesen, das die Sonne am längsten sieht – sie fliegt von der Mitternachtssonne in den Südsommer!

Zwergseeschwalbe

Stema albifrons

Kennzeichen: Unsere kleinste Seeschwalbe, an den gelben Beinen und dem gelben Schnabel mit schwarzer Spitze leicht erkennbar. Die Stirn ist immer weiß (bei den anderen Arten nur im Jugend- und Schlichtkleid) und wird durch den schwarzen Scheitel und einen von der Schnabelbasis durch das Auge laufenden schwarzen Zügel markant eingerahmt. Wirkt im Flug durch den relativ langen Schnabel und den eher kurzen, schwach gegabelten Schwanz etwas kopflastig, die Flügelschläge sind auffallend ruckartig. Die oberseits durch dunkle Federränder geschuppten Jungvögel (rechts unten) sind am besten an der geringen Größe und dem gelblichen Ton auf den Beinen und der Schnabelbasis zu bestimmen. Sehr ruf-

freudig, meist „prit" und „kürik". L 23 cm, Sp 52 cm.
Vorkommen: Brütet gerne in kleineren, lockeren Kolonien, häufiger an der Nord- als an der Ostsee, lieber auf Inseln als an der Festlandküste. Bevorzugt ausgedehnte Sand-

oder Kiesstrände in der Nähe von Flachwasser. Zieht im August an die westafrikanische Küste, kehrt im April zurück.
Wissenswertes: Die Zwergseeschwalbe legt 2–3 Eier in eine Bodenmulde, die sie sich in den Sand oder in feinen Kies dreht und oft mit Muschelstücken auskleidet. Nach drei Wochen schlüpfen die mit flauschigen Daunen befiederten Küken. Sie benötigen etwa vier Wochen, bis sie fliegen können. Doch auch danach werden sie von den Eltern noch bis zum Abzug ins Winterquartier mit kleinen Fischen gefüttert. Nähert man sich den Brutplätzen, greifen die Altvögel unter lautem Rufen jeden Eindringling mit vehementen Sturzflügen an. Die Zwergseeschwalbe ist stark gefährdet, da sie mit den Badegästen die Vorliebe für schöne Sandstrände teilt, wo viele Gelege zertreten werden.
Die Brutbiologie der anderen Seeschwalben ist ähnlich. Sie ernähren sich überwiegend von Fischen und Krebstieren.

Brandseeschwalbe

Sterna sandvicensis

Kennzeichen: Eine helle, große (rechts unten im Vergleich zur Flußseeschwalbe) Art mit schlanken, im Flug oft stark gewinkelten Flügeln und relativ kurzem, gegabeltem Schwanz. Langer, schlanker Schnabel schwarz mit gelblicher Spitze, Beine schwarz. Auf der schwarzen Kopfplatte mit angedeutetem Schopf erscheint ab Juli die weiße Stirn des Schlichtkleids (rechts oben). Ruf rauh „kirr-räck". L 39 cm, Sp 105 cm.

Vorkommen: Brütet in wenigen großen Kolonien auf Inseln an der Nord- und viel seltener an der Ostseeküste. Zieht erst im September nach Afrika und kehrt bereits ab März zurück.

Wissenswertes: Männchen bringen Weibchen Fisch als Verlobungsgeschenk.

Lachseeschwalbe

Gelochelidon nilotica

Kennzeichen: Unterscheidet sich von der ähnlichen Brandseeschwalbe durch den möwenartig kräftigen, ganz schwarzen Schnabel, im Flug durch breitere, gleichmäßig graue Flügel (außen nicht dunkler). Typischer Ruf „keväck" und bei Alarm lachend „kwä-kwä-kwä" (Name!). L 38 cm, Sp 100 cm.
Vorkommen: In Nordeuropa nur noch sehr seltener Brutvogel an der dänischen und schleswig-holsteinischen Nordseeküste, aber häufiger in Südeuropa. Von April bis August im Brutgebiet.
Wissenswertes: In Deutschland ist die Lachseeschwalbe akut vom Aussterben bedroht. Anders als die übrigen Seeschwalben jagt sie viel über Land und fängt dort Heuschrecken, Käfer, kleine Eidechsen und Amphibien.

Raubseeschwalbe

Sterna caspia

Kennzeichen: Die größte Seeschwalbe, fast so groß wie eine Silbermöwe. Sofort an dem gewaltigen, roten Schnabel zu erkennen, der wie eine Mohrrübe aus dem Kopf ragt. Beine schwarz, Flugweise möwenartig rudernd. Schwarzer Scheitel im Jugend- und Schlichtkleid hell gesprenkelt. Ruft charakteristisch laut und rauh „tschrää-chrää", an Reiher erinnernd. L 52 cm, Sp 138 cm.
Vorkommen: Brütet entlang der Ostseeküste, bei uns jedoch nur extrem selten in Mecklenburg. Im April/Mai und August/September auch an der Nordsee regelmäßig Durchzug schwedischer und finnischer Vögel.
Wissenswertes: Stürzt sich aus bis zu 40 m Höhe ins Wasser und taucht dabei bis zu 150 cm tief ein.

Baßtölpel

Sula bassana

Kennzeichen: Ein gewaltiger Vogel des offenen Meeres, kann allenfalls für eine riesige Möwe gehalten werden, hat aber längeren, keilförmigen Schwanz und langen, dolchartigen Schnabel. Altvögel weiß, nur Kopf und Hals gelblich sowie Flügelspitze ausgedehnt schwarz. Jungvögel braun mit weißen Sprenkeln (rechts unten). Im Laufe von vier Jahren legen sie langsam das weiße Alterskleid an. Am Brutplatz rauhe Rufe. L 95 cm, Sp 175 cm.
Vorkommen: Brütet in teilweise riesigen Kolonien auf nordeuropäischen Vogelfelsen. Außerhalb der Brutzeit in kleinen Gruppen vor der deutschen Nordseeküste.
Wissenswertes: Einziger deutscher Brutplatz ist Helgoland, wo seit 1991 ein bis zwei Paare nisten.

Eissturmvogel

Fulmarus glacialis

Kennzeichen: Kann auf den ersten Blick für eine Möwe gehalten werden, hat aber ganz graue Flügel ohne schwarze Spitze und weißen Hinterrand, einen dicken Stiernacken und einen kräftigen, kurzen Schnabel. Gleitet ohne Flügelschlag auf steifen Schwingen. Gackert am Brutplatz, sonst stumm. L 46 cm, Sp 108 cm.
Vorkommen: Brütet an nordeuropäischen Vogelfelsen, bei uns nur mit etwa 30 Paaren auf Helgoland. Außerhalb der Brutzeit auf dem offenen Atlantik, auch in der Nordsee.
Wissenswertes: Eissturmvögel werden erst mit knapp zehn Jahren geschlechtsreif. Das einzige Ei wird auf einem Felsvorsprung sieben Wochen bebrütet, das Küken dann ebenso lange gefüttert.

Kormoran

Phalacrocorax carbo

Kennzeichen: Ein unverkennbarer, großer, dunkler, langhalsiger Vogel mit dem kräftigen Hakenschnabel eines Fischfressers. Altvögel schwarz, im Prachtkleid mit Weiß an Kopf und Beinansatz. Unausgefärbte Vögel düster braun, oft mit schmutzig weißem Bauch. Hält beim Schwimmen den Schnabel schräg aufwärts gerichtet. Äußert am Nest gutturale Töne. L 90 cm, Sp 145 cm.
Vorkommen: Die Kolonien befinden sich hauptsächlich auf Bäumen an Binnengewässern, doch sind viele Kormorane ganzjährig an der Küste und auf dem Meer zu sehen.
Wissenswertes: Bei längerem Tauchen nach Fischen durchnäßt das Gefieder. Daher sieht man Kormorane oft mit zum Trocknen ausgebreiteten Flügeln.

Trottellumme

Uria aalge

Kennzeichen: Ein Hochseevogel, der an einen kleinen Pinguin erinnert, jedoch fliegen kann und wie die beiden folgenden Arten zu den nicht mit den Pinguinen der Südhalbkugel verwandten Alken gehört. Kopf, Hals und Oberseite im Prachtkleid (oben) schwarz, Bauch weiß, pfriemförmiger Schnabel schlank und schwarz. Manchmal um das Auge ein weißer Ring mit nach hinten ausgezogenem „Lidstrich". Im Schlichtkleid (rechts unten) Kopfseiten und Vorderhals weiß. Oberseite im Flug ganz schwarz, schnelle Schläge der schmalen Flügel. Ruft am Brutplatz schnarrend „arrr". L 42 cm, Sp 68 cm.

Vorkommen: Typischer Brutvogel großer Vogelfelsen Nordeuropas. Außerhalb der Brutzeit auf dem offenen

Meer. In Deutschland auf Helgoland etwa 2500 Paare. **Wissenswertes:** Trottellummen legen ihr einziges Ei auf den nackten Boden eines schmalen Felsvorsprungs. Durch seine Birnenform wird es bei Wind nicht hinabgeweht, sondern dreht sich um die eigene Achse. Um Verwechslungen in den sehr dichten Kolonien zu vermeiden, ist jedes individuell gefärbt. Schon vor dem Schlüpfen lernen Eltern und Küken, sich gegenseitig an der Stimme zu erkennen. Lange vor Erreichen der Flugfähigkeit springen die Küken im Alter von etwa drei Wochen von den Felsen und werden von den Eltern sofort auf das offene Meer geführt.

Tordalk

Alca torda

Kennzeichen: Der etwas größeren Trottellumme ähnlich, aber Schnabel hoch und seitlich zusammengedrückt, mit je einem senkrechten weißen Band vor der Spitze und einem waagerechten über der Basis. Flanken rein weiß statt mit schwärzlichen Stricheln, Oberseite tief schwarz ohne den Braunstich der Trottellumme. Im Schlichtkleid Hals und Kopfseiten wie bei dieser weiß. Ruft am Brutplatz knarrend „urr". L 38 cm, Sp 65 cm.
Vorkommen: Nordeuropäische Vogelfelsen, meist in Kolonien der Trottellumme. Außerhalb der Brutzeit auf dem Meer, auch Ostsee. Auf Helgoland etwa zehn Paare.
Wissenswertes: Bringt dem Küken mehrere Fische gleichzeitig, die Trottellumme dagegen immer nur einen.

Gryllteiste

Cepphus grylle

Kennzeichen: Im Prachtkleid ganz schwarz mit ovalem, weißem Flügelfeld und lackroten Beinen, Schnabel pfriemförmig und schwarz, innen rot. Schlicht- und Jugendkleid überwiegend weiß, auf der Oberseite grau meliert, das weiße Flügelfeld bei unausgefärbten Vögeln braungrau gefleckt. Am Brutplatz hoch piepende, grillenartige Töne. L 32 cm, Sp 55 cm.

Vorkommen: Brütet an nordeuropäischen Küsten einschließlich der Ostsee, aber nicht in Deutschland. Im Winter mehr in Küstennähe als andere Alke. Wird bei uns meist vor der mecklenburgischen Küste gesehen, vereinzelt um Helgoland.

Wissenswertes: Legt zwei Eier in Höhlen am Rand der Vogelfelsen, brütet oft einzeln oder in Kleingruppen.

Prachttaucher

Gavia arctica

Kennzeichen: Extrem an das Tauchen nach Fischen angepaßter Wasservogel. Im Jugend- und Schlichtkleid oberseits schwärzlich, Kopfseiten, Hals und hintere Flanken weiß. Im Prachtkleid Oberseite weiß gewürfelt, Kehle schwarz, Brust schwarzweiß gestreift. L 65 cm, Sp 120 cm.
Vorkommen: Prachttaucher brüten an nordeuropäischen Seen und überwintern zahlreich auf Nord- und Ostsee.
Wissenswertes: Als Wintergast erscheint auch der gleichfalls zur Familie der Seetaucher gehörende, etwas kleinere **Sterntaucher**. Er ist insgesamt heller, oberseits fein weiß gepunktet, hat leicht aufgeworfenen, schräg aufwärts gehaltenen Schnabel (statt gerade und waagerecht getragen), im Prachtkleid eine ziegelrote Kehle.

Mittelsäger

Mergus serrator

Kennzeichen: Säger sind tauchende Entenvögel mit feinen Sägezähnchen an den schlanken Schnäbeln, um glitschige Fische besser festhalten zu können. Dunkelgrüner Kopf mit zerzaustem Schopf, weißes Halsband und rostbraune Brust kennzeichnen das Männchen (oben), Weibchen haben einen bräunlichen Kopf. L 56 cm, Sp 80 cm.

Vorkommen: Brütet entlang der Ostseeküste unter Büschen an flachen Buchten, selten an der Nordsee. Häufiger Durchzügler und Wintergast aus Skandinavien.

Wissenswertes: Seltener brütet an der Ostsee auch der größere **Gänsesäger:** Männchen an Brust und Flanken weiß mit lachsrosa Tönung, Weibchen hat vom braunen Kopf abgesetzt weißen Hals.

Weißwangengans

Branta leucopsis

Kennzeichen: Ein schwarz, grau und weiß gefärbter Wasservogel, durch den Kontrast von weißem Gesicht und schwarzem Hals eindeutig gekennzeichnet. Ruft besonders im Flug bellend „kak". L 65 cm, Sp 140 cm.
Vorkommen: Brütet auf Klippen in Ostgrönland, auf Spitzbergen und Novaja Semlja, überwintert auf den Britischen Inseln und von Oktober bis April an der südlichen Nordseeküste.
Wissenswertes: Die bei uns in großen Trupps im Deichvorland und auf Wiesen überwinternden Vögel stammen von Novaja Semlja und ziehen über die Ostsee an die Nordseeküste. Neuerdings brüten einige (aus der Gefangenschaft entflogene?) in Schleswig-Holstein und Südschweden.

Ringelgans

Branta bernicla

Kennzeichen: Auffallend schwarzweiß und für eine Gans recht klein. Von der Weißwangengans sofort an dunklem Bauch und ganz schwarzem Kopf und Hals mit nur schmalem weißem Halsring unterschieden, der den Jungvögeln fehlt. Ruft „rrott“. L 59 cm, Sp 115 cm.
Vorkommen: Brütet in der Tundra Nordsibiriens und zieht von dort über die südliche Ostsee an die Nordseeküste, wo sie von Oktober bis Mai in großen Schwärmen im Watt überwintert.
Wissenswertes: Hat sich früher fast nur von Seegras *(Zostera)* ernährt, sich aber auf andere Pflanzen umgestellt, als dieses seltener wurde. Brutvögel aus Spitzbergen und Grönland haben helle Bäuche und überwintern in Irland und Dänemark.

Brandgans

Tadorna tadorna

Kennzeichen: Ein durch seine bunte Färbung unverwechselbarer und für unsere Küsten sehr typischer Wasservogel. Männchen mit rotem Schnabelhöcker. Jungvögel anfangs noch mit blaß rosa Schnabel, weißlichem Gesicht und Vorderhals sowie ohne Brustband. Küken hübsch schwarzweiß. Männchen balzt hoch pfeifend „ssiss-ssiss", Weibchen gakkert „ga ga-gagagak", Flugruf „ga-gang". L 65 cm, Sp 120 cm.

Vorkommen: Häufig und ganzjährig an Nord- und Ostseeküste (hier seltener, kaum im Winter) in fast allen feuchten Lebensräumen.

Wissenswertes: Die etwa zehn Eier werden gern in eine Höhle, z. B. einen Kaninchenbau, gelegt und allein vom Weibchen ausgebrütet.

Pfeifente

Anas penelope

Kennzeichen: Eine hübsche Ente mit rundem Kopf und grauem Schnabel, deren Männchen durch einen grauen Körper, braunen Kopf und eine gelbe Stirn gekennzeichnet ist. Weibchen wie bei allen Enten unscheinbar braun, aber mit typischem, scharf weiß abgesetztem Bauch. Männchen im Flug mit charakteristischem großem, weißem Flügelfeld. Ruft pfeifend „wiju" (Name!). L 48 cm, Sp 80 cm.
Vorkommen: Brütet hauptsächlich in Nordost-Europa, nur ausnahmsweise an unseren Küsten. Tritt dort aber im Winterhalbjahr in großen Trupps im Watt und auf überschwemmten Wiesen auf.
Wissenswertes: Das Verhalten ähnelt dem von Gänsen, denn Pfeifenten grasen gern an Land Pflanzen ab.

Eiderente

Somateria mollissima

Kennzeichen: Diese große, typische Meeresente ist durch das eigenartige, dreieckige Kopfprofil gekennzeichnet, bei dem der keilförmige Schnabel und die Stirn eine Linie bilden. Die schwarzweißen Männchen (oben) mit grünem Hinterkopf sind unverkennbar. Die braunen Weibchen (rechts oben, mit Küken) zeigen eine kräftige, schwärzliche Querbänderung. Unausgefärbte Männchen (rechts unten) sehen bis ins zweite Lebensjahr gescheckt aus, erst düster schwarzbraun, dann mit weißlichen Feldern zuerst auf der Brust, dann auch auf der Oberseite. Das Männchen balzt laut „a-hoo-he“, das Weibchen antwortet leise stotternd „kock-ock-ock“. L 60 cm, Sp 95 cm.
Vorkommen: Brütet häufig

an den nordeuropäischen Küsten, bei uns in wachsender Zahl besonders auf den Nordseeinseln. Hält sich außerhalb der Brutzeit in oft großen Gruppen auf dem Meer auf, dann auch an der Ostseeküste und gerne in Hafenbecken tauchend oder an Steinmolen sitzend.
Wissenswertes: Nur die Weibchen brüten die 4–6 Eier aus. Während dieser Zeit fressen sie kaum, sondern ernähren sich von ihren Fettreserven. Das Nest liegt offen oder unter Büschen geschützt. Zum Auspolstern rupfen sich die Weibchen Bauchfedern aus, die berühmten Eiderdaunen. In manchen Gegenden, z. B. auf Island, werden die Eiderenten durch Schutzmaßnahmen zu kolonieartigem Brüten animiert. Dort sammeln die Grundeigentümer später die Daunen ein und verkaufen sie als Kopfkissenfüllung. Mehrere Weibchen fassen ihre Küken gerne zu einem „Kindergarten“ zusammen. Die Nahrung besteht hauptsächlich aus Muscheln.

Bergente

Aythya marila

Kennzeichen: Das Männchen ist leicht am grauen Körper mit schwarzem Vorder- und Hinterende zu erkennen, das braune Weibchen an dem breiten, weißen Ring am Schnabelgrund. Im Flug zieht sich bei beiden Geschlechtern ein sehr breiter, weißer Streif längs über die Flügel. Männchen pfeift tief „pehau", Weibchen knurrt „arr". L 46 cm, Sp 78 cm.

Vorkommen: Brütet in Nordost-Europa, ausnahmsweise in Schleswig-Holstein. Häufiger Wintergast an flachen Küstengewässern der Ostsee mit aus vielen Tausend Vögeln bestehenden Trupps.
Wissenswertes: Oft zusammen mit der ähnlichen **Reiherente,** deren Männchen einen schwarzen Rücken und einen Federschopf am Kopf hat.

Eisente

Clangula hyemalis

Kennzeichen: Die Männchen dieser kleinen Tauchente sind im Prachtkleid leicht an ihrem überwiegend weißen Gefieder, von dem das Brustband, die Flügel und ein Wangenfleck schwärzlich abstechen, und den stark verlängerten, hoch aufragenden, schwarzen mittleren Steuerfedern zu bestimmen. Weibchen und Jungvögel sind unscheinbar bräunlich und durch weiße Partien an Kopf und Flanken ausgezeichnet. Männchen ruft klangvoll „a-ou-li". L 40 cm, Männchen zusätzlich 20 cm Schwanz, Sp 75 cm.
Vorkommen: Brütet in der Tundra, überwintert in großen Scharen auf der Ostsee, selten an der Nordsee.
Wissenswertes: Ertrinkt leider oft in den Stellnetzen der Fischer.

Trauerente

Melanitta nigra

Kennzeichen: Mit seinem rundum einfarbig schwarzen Gefieder ist das Männchen lediglich durch einen Höcker und ein gelbes Feld auf dem Schnabel geziert. Weibchen und Jungvögel sind dunkel braun gefärbt mit charakteristischen hellen Kopfseiten, die scharf vom schwärzlichen Scheitel abgegrenzt sind. Im Flug dunkle Flügel ohne Muster. Männchen pfeifen „piü". L 50 cm, Sp 85 cm.
Vorkommen: Brütet auf Seen in der nordeuropäischen Tundra und im skandinavischen Fjäll, überwintert in großer Zahl von Oktober bis April vor unseren Küsten.
Wissenswertes: Die Männchen ziehen schon im Juli zur Mauser ans Meer. Wenn sie auffliegen, erzeugen sie mit den Flügeln einen an Eisklirren erinnernden Ton.

Samtente

Melanitta fusca

Kennzeichen: Das Männchen ist wie die etwas kleinere Trauerente ganz schwarz, trägt am orangefarbenen Schnabel aber keinen Hökker und zeigt unter dem weißen Auge einen weißen Fleck. Weibchen braun mit zwei verwaschenen, hellen Flecken auf den Kopfseiten. Im Flug, oft auch beim schwimmenden Vogel, sind die großen, weißen Flügelspiegel kennzeichnend. Abseits des Brutplatzes stumm. L 55 cm, Sp 94 cm.
Vorkommen: Brütet in der nordeuropäischen Taiga und entlang der skandinavischen Ostseeküste, überwintert auf Nord- und Ostsee.
Wissenswertes: Samtenten bilden nicht so große Gruppen wie Trauerenten und schwimmen mehr in Küstennähe als diese.

Register

Literatur

Janke, K., B. P. Kremer (1999): Düne, Strand und Wattenmeer. Stuttgart

Jonsson, L. (1994): Die Vögel Europas. Stuttgart

Svensson, L., P. J. Grant, K. Mullarney, D. Zetterström (1999): Der neue Kosmos-Vogelführer. Stuttgart

Svensson, L., P. J. Grant, K. Mullarney, D. Zetterström (2000): Vögel Europas. Stuttgart

LIMICOLA – Zeitschrift für Feldornithologie. Einbeck-Drüber

Mit 116 Farbfotos von Peter H. Barthel (6, 9 u., 21 o., 23 o., 26, 35 o., Mitte, 37 beide, 39, 41 o., 42, 44, 51 o., 53 u., 60, 61 u., 70, 76, 78, 96 alle), Arnoud B. van den Berg (2/3, 7 beide, 8, 9 o., 11, 13, 23 u., 32, 40, 43 o., 47 u., 49 beide, 51 u., 52, 53 o., 55 o., 57, 59 beide, 61 o., 62, 81, 83, 87, 89 u., 90), Jürgen Diedrich (16, 21 u., 79 o.), Hans Gebuis (12, 18, 19, 20, 33, 47 o., 54, 64, 65 u., 92), Axel Halley (10, 14, 15, 24, 27, 28, 29, 30, 34, 35 u., 38, 41 u., 45, 46, 48, 50, 56, 58, 63, 65 o., 71 beide, 73, 75 o., 77, 82, 84, 86, 91), Felix Heintzenberg (31, 69 o., 72, 85), Dieter Oelkers (25, 43 u., 79 u.), René Pop (17, 22, 36, 66, 67 beide, 68, 69 u., 74, 75 u., 80, 88, 89 o., 93) und Jürgen Steudtner (55 u.). Innentitel: fliegende Weißwangengänse

Umschlag von Friedhelm Steinen-Broo, eStudio Calamar, Pau (Spanien), unter Verwendung von drei Farbfotos von Klaus Wernicke.
Umschlagvorderseite: Austernfischer, *Haematopus ostralegus*
Umschlagrückseite: Silbermöwe, *Larus argentatus*, Sandregenpfeifer, *Charadrius hiaticula* sowie
34 Farbzeichnungen von Reno Lottmann/SigNatur

Die Deutsche Bibliothek – CIP-Einheitsaufnahme
Ein Titelsatz für diese Publikation ist bei der Deutschen Bibliothek erhältlich

Gedruckt auf chlorfrei gebleichtem Papier

2. Auflage

ISBN 3-440-09181-3
Redaktion: Marion Sieche, Anne-Kathrin Janetzky
Gestaltungskonzept: Atelier Reichert
Satz: Kittelberger, Reutlingen
Reproduktion: Repro GmbH, Fellbach
Produktion: Lilo Pabel
Druck und Bindung: Printer Trento s.r.l., Trento
Printed in Italy / Imprimé en Italie

Gefährdete Eier und Küken

Die meisten unserer Küstenvögel sind Bodenbrüter. Die Eier werden in den Sand oder in eine mit Steinchen oder Muschelschalen ausgekleidete Bodenmulde gelegt (oben links **Zwergseeschwalbe**, oben rechts **Seeregenpfeifer**). Da sie wie Kieselsteine wirken, sind sie perfekt getarnt, so daß der ahnungslose Strandwanderer allzu leicht versehentlich ein Gelege zertritt.

Die Küken schlüpfen in einem flauschigen, tarnfarbigen Dunenkleid (unten links **Säbelschnäbler**, unten rechts **Rotschenkel**). Bei Gefahr werfen sie sich platt auf den Boden und verschmelzen mit dem Untergrund. Manche rennen auch schnell in die Deckung eines Strandhafer- oder Grasbüschels. Auch sie finden oft ein vorzeitiges Ende unter Schuhsohlen und Gummistiefeln.

An ängstlichen Rufen oder aggressivem Verhalten der Altvögel merkt man meist schnell, daß man sich Eiern, Küken oder gar einer Seevogelkolonie zu sehr genähert hat. Dann sollte man sich schnellstens zurückziehen und bei jedem Schritt genau darauf achten, wohin man tritt. Grundsätzlich sollten natürlich die markierten Wege nie verlassen und die zum Schutz von Seevögeln besonders ausgewiesenen Gebiete nicht betreten werden.